BEI GRIN MACHT SICH IHR WISSEN BEZAHLT

Bibliografische Information der Deutschen Nationalbibliothek:

Die Deutsche Bibliothek verzeichnet diese Publikation in der Deutschen National-
bibliografie; detaillierte bibliografische Daten sind im Internet über http://dnb.d-
nb.de/ abrufbar.

Dieses Werk sowie alle darin enthaltenen einzelnen Beiträge und Abbildungen
sind urheberrechtlich geschützt. Jede Verwertung, die nicht ausdrücklich vom
Urheberrechtsschutz zugelassen ist, bedarf der vorherigen Zustimmung des Verla-
ges. Das gilt insbesondere für Vervielfältigungen, Bearbeitungen, Übersetzungen,
Mikroverfilmungen, Auswertungen durch Datenbanken und für die Einspeicherung
und Verarbeitung in elektronische Systeme. Alle Rechte, auch die des auszugsweisen
Nachdrucks, der fotomechanischen Wiedergabe (einschließlich Mikrokopie) sowie
der Auswertung durch Datenbanken oder ähnliche Einrichtungen, vorbehalten.

Impressum:

Copyright © 2006 GRIN Verlag, Open Publishing GmbH
Druck und Bindung: Books on Demand GmbH, Norderstedt Germany
ISBN: 9783640681686

Dieses Buch bei GRIN:

http://www.grin.com/de/e-book/154905/google-ein-geschaeftsmodell-auf-der-suche

Diana Lantzen

Google - ein Geschäftsmodell auf der Suche

GRIN Verlag

RHEINISCHE FRIEDRICH-WILHELMS-UNIVERSITÄT

Geographisches Institut

Oberseminar B:
Geographie des Internets
WS 2005/2006

Thema der Hausarbeit:

Go gle

ein Geschäftsmodell auf der Suche

vorgelegt von Diana Lantzen

Gliederung:

Einleitung

Was ist das Geheimnis der Suchmaschine, die von einigen sogar mit dem Internet gleichgesetzt wird?

Google startet als Suchmaschine mit innovativer Technologie, versucht sich als email- Provider, erobert den Desktop, bietet kostenlos Satellitendaten an. Was ist von Google in Zukunft zu erwarten?

Das Unternehmen hat es geschafft weltweit einen großen Nutzerstamm an sich zu binden und dessen Vertrauen durch Transparenz seiner Vorgehensweise zu gewinnen. Treu dem Motto „Don´t be evil" gewährleistet das Unternehmen eine strikte Trennung zwischen kommerziellen und generellen Webseiten bei der Suchabfrage - doch durch Werbeanzeigen erwirtschaftet es seinen Umsatz. Wie passt das zusammen?

Google befindet sich einerseits auf einer Suche nach ständig neuen kostenlosen Dienstleistungsangeboten für seinen Nutzer und anderseits weitet es sein Angebot für Unternehmen, kundenorientiert, gezielt und im richtigen Moment ihre Werbung zu schalten, aus. Wer ist der *eigentliche* Kunde von Google?

Im ersten Teil der Hausarbeit soll das Unternehmen Google dargestellt, ein Überblick über die Phase der Entstehung bis zur Gründung gegeben sowie auf die Philosophie des Unternehmens kurz eingegangen werden.

Im folgenden Abschnitt mit dem Titel „Das Geschäft mit der Suche" wird das Geschäftsmodell von Google, Inserenten den innovativen Service eines gezielten Marketings anzubieten, näher beleuchtet und auf den Börsengang des Unternehmens, der offen legte, wie profitabel das ehemalige Start- up- Unternehmen geworden war, eingegangen. Der dritte Teil soll das umfassende, grundsätzlich kostenlose Dienstleistungsangebot von Google für seine Nutzer der Suchmaschine umreißen, wobei besonders auf das Software- Programm Google Earth eingegangen wird. Nachdem abschließend kurz auf mögliche, zukünftige Geschäftsideen des Unternehmensgiganten eingegangen wird, folgt das Fazit.

1. Das Unternehmen Google

„They named their search engine Google, for the biggest number they could imagine. But it wasn´t big enough. How can it be so many things? It´s Goooooooooogle."[1]

Larry Page und Sergey Brin gründeten am 7. September 1998 das Unternehmen "Google Inc.", welches sich mit einem Börsenwert von 79,6 Milliarden[2] US- Dollar zu einem Unternehmensgiganten entwickelt hat. Die Internetsuchmaschine „Google" des Unternehmens bietet ihren Nutzern Zugang zu einem Index, der über 8 Milliarden[3] URL´s (Uniform Resource Locator[4]) umfasst und ist somit die weltweit größte Suchmaschine des Internets[5].

Ihren Namen bekam die Suchmaschine angelehnt an den mathematischen Begriff „g-o-o-g-o-l"[6], der eine Zahl mit einer 1 und 100 Nullen bezeichnet.

Mit ihrem kostenlosen Angebot für den Nutzer hat Google die Möglichkeit von Individuen, sich Zugang zu Informationen zu beschaffen, grundlegend vergrößert und revolutioniert.

Mittlerweile betreibt das Unternehmen Google das „größte Computersystem der Welt"[7] mit einer Kapazität über die keine andere Gesellschaft verfügt. Laut John Hennessy (Spitzeninformatiker und Präsident der Stanford Universität) ist Google einzigartig unter den spezialisierten Software- und Hardware- Unternehmen der Welt, weil es in beiden Bereichen marktführend ist.[8]

Die Marke Google hat sich in der Öffentlichkeit etabliert, die schlichtgestaltete weiße Webseite, in dessen Mitte das bunte Firmenlogo platziert ist, hat Millionen von

---

[1] http://www.wired.com/wired/archive/12.03/google.html, abgerufen am 24.03.2006.
[2] Vise, D.A., S. 286.
[3] Vgl. http://www.google.de/intl/de/press/facts.html und "It is the most visited search site."
[4] „URLs identifizieren eine Ressource über ihren primären Zugriffsmechanismus (häufig http oder ftp) und den Ort (engl. *location*) der Ressource in Computernetzwerken."
http://de.wikipedia.org/wiki/Uniform_Resource_Locator, abgerufen am 30.03.2005.
[5] "It is the most visited search site.", http://economist.com/displaystory.cfm?story_id=2384623, abgerufen am 28.3.2005.
[6] Der Begriff „Googol" wurde 1938 durch den amerikanischen Mathematiker Edward Kasner etabliert, der seinen neunjährigen Neffen Milton Sirotta aufforderte, ein Wort für die Zahl zu erfinden. Vgl.: http://de.wikipedia.org/wiki/Googol, abgerufen am 26.3.2006.
[7] Vise, D.A.,S.16.
[8] Ebda., S.16.

Internet- Explorer- Startseiten erobert und ist spätestens seit der Aufnahme des Verbs „googlen" in den deutschen Duden, aus der Öffentlichkeit nicht mehr wegzudenken.

1.1 Wie alles begann – historischer Abriss der ersten Jahre von Google

Larry Page und Sergey Brin begegneten sich im Frühjahr 1995 als Doktoranden an der Stanford Universität, nach Pages Studiumsabschluss in Computertechnik und Betriebswirtschaftlehre (1995) in Michigan und Brins in Mathematik und Informatik (1993) in Maryland. Sie entwickelten eine enge Freundschaft und zogen im Januar 1996 mit anderen Informatikstudenten und Dozenten zusammen in ein Büro.

Im Herbst 1998 trafen sie sich mit Andy Bechtolsheim[9] und stellten ihm das Konzept ihrer neuen Internet- Suchtechnolgie vor. Bechtolsheim war von dem Konzept begeistert und stellte den beiden Google- Gründern einen Scheck von 100.000 Dollar aus, auch wenn zu diesem Zeitpunkt noch nicht klar war, wie mit der Geschäftsidee Profit erzielt werden kann[10]. Am 7. September 1998 gründeten Page und Brin offiziell Google Inc. mit einem Startkapital von umgerechnet 810.000 Euro in einer Garage in der Nähe des Menlo Parks und brachten die erste Testversion auf den Markt. Im Februar 1999 bezog Google mit acht Angestellten ein Büro in Palo Alto, verarbeitete ca. 100.000 Suchanfragen pro Tag und gewann neben Mundpropaganda u.a. durch die Erwähnung in *PC Magazine* an Popularität. „Im Laufe des Jahres schwoll die Zahl der Anfragen auf 500.000 pro Tag, und die Firmengründer wussten, dass sie eine erhebliche Summe benötigten, um ihr System kontinuierlich zu erweitern."[11]

Es stellte sich das Problem einen ernsthaften Anleger zu finden, der die Suchtechnologie ohne konkretes Geschäftsmodell bewerten und von einer

---

[9] Andreas (Andy) von Bechtholsheim ist ein aus Deutschland stammender Informatiker und Unternehmer, der im Silicon Valley lebt und arbeitet. Über seinen Geschäftspartner David Chriton lernte er die Stanford-Studenten Larry Page und Sergey Brin 1998 kennen. (vgl. http://de.wikipedia.org/wiki/Andy_Bechtolsheim, abgerufen am 27. März 2006); Er ist bekannt als legendärer Investor in eine Reihe von erfolgreichen Start- up- Unternehmen. (vgl. Vise, D.A., S. 54.)

[10] „Er (Bechtolsheim) ging die verschiedenen Möglichkeiten durch: etwa die, einen Kundenstamm durch die kostenlose Überlassung der Google- Suchmaschine auszubauen, um dann mit Anzeigen oder dem Verkauf eines Produktes Geld zu verdienen. Larry und Sergey hatten einen instinktive Abneigung gegen Werbung, verbunden mit einer tiefsitzenden Angst, dass die Suchergebnisse damit beeinträchtigt würden", Vise, D.A., S. 56.

[11] Vise, D.A., S. 69.

Zusammenarbeit überzeugt werden musste. Am 7. Juli 1999 erklärten sich Kleiner Perkins und Sequoia Capital bereit 25 Millionen Dollar in Google Inc. zu investieren, unter der Bedingung, dass ein erfahrender Manager für die Firma angeheuert wird.

1. 2 Geschäftsidee und Firmenphilosophie

Geschäftsidee

Den Grundstein zur Unternehmensgründung legte die Erfindung des Link- Rating-Systems „PageRank", ein System der Beurteilung von Webseiten.

Zur Informationsbeschaffung aus dem Internet benutzten die Forscher neben anderen Suchmaschinen (wie WebCrawler, Lycos, Infoseek etc.), die Suchmaschine AltaVista, die zwar bessere und schnellere Suchergebnisse lieferte, aber nicht zufrieden stellte. Dabei fiel Page auf, dass neben einem Verzeichnis von Webseiten, AltaVista auch Resultate zu scheinbar nebensächliche Informationen, so genannten Links, liefert um zu anderen Webdokumenten zu gelangen[12]. Brin und Page beginnen 1996 damit Weblinks herunterzuladen, um darüber die Daten des Internets zu analysieren. 1997 entwickeln sie die primitive Suchmaschine „BackRub", die sich auf die konventionellen Suchmaschinen- Technologien stützt, aber mit Hilfe von Pages Link- Ranking- System („PageRank"), welches Webseiten auf die die meisten Links verweisen einen höheren Rang verleiht, die Suchabfrage optimiert. Der Suchmaschinen- Prototyp „Backrub" wurde erstmals intern von Page, Brin und Motwani (Professor mit dem Brin in einer Forschungsgruppe arbeitet) an der Stanford Universität eingesetzt und dem Universitätspersonal unter der Adresse google.stanford.edu zur Verfügung gestellt. Die neue Suchmaschine, die qualitativ bessere Suchergebnisse erzielte, gewann mit ihrem nutzerfreundlichem, einfach gestalteten Design zunehmend an Popularität. Der allein durch Mundpropaganda erzielte Anstieg der Nutzer, zwang Page und Brin ihre Datenbank zu erweitern und nach Finanzierungsmöglichkeiten für den Unterhalt ihres Systems zu suchen.

Doch die Anstrengungen und Versuche 1998 ihre innovative Technologie an u.a. AltaVista für rund 1 Million Dollar zu verkaufen, scheiterten.

---

[12] Vgl.: Vise, D.A., S. 46 f..

Firmenphilosophie

Das formulierte Ziel von Google ist es die Informationen dieser Welt zu organisieren und diese allgemein nutzbar und zugänglich zu machen. Mit der Philosophie des Unternehmens „Gib dich nie mit dem Besten zufrieden"[13] und ihrem Leitspruch „Sei nicht böse" hat Google das „Herz des Internets" erobert.

Das Unternehmen beruft sich darauf seit seiner Entstehung den Benutzer der Suchmaschine an erste Stelle gesetzt und dessen Vorteile durch nachhaltige Innovationen sowie neue Technologien ausgeweitet zu haben. Seine Orientierung auf den Nutzer belegt das Unternehmen mit der Aussage, dass es im Gegensatz zu anderen Unternehmen jeder Versuchung den „Shareholder Value" (Unternehmenswert bzw. Marktwert des Eigenkapitals) zu erhöhen, widerstanden habe.[14]

2. Das Geschäft mit der Suche

"The way to make money out of search is to sell the words people put in when they look for things on the web."[15]

Der Börsengang von Google 2004 und die Kursentwicklung des Wertpapiers, worauf im Folgenden näher eingegangen wird, verdeutlichte, dass sich das Unternehmen zu einer rentablen Geldmaschine entwickelt hat. Es stellt sich die Frage, die sich damals wohl auch die Aktionäre stellten, wie Google diesen enormen Umsatz erwirtschaften kann, wenn die Benutzung der Suchmaschine sowie das erweiterte Serviceangebot kostenlos ist.

Google ist zu einer Online- Werbeagentur geworden, die privaten Webseiten-Besitzer sowie kleinen, mittleren und großen Unternehmen, eine „Werbefläche im Internet" zu günstigen Preisen anbietet.

---

[13] http://www.google.de/intl/de/corporate/, abgerufen am 25.03.2006.
[14] http://www.google.de/intl/de/corporate/tenthings.html, abgerufen am 25.03.2006.
[15] http://economist.com/displaystory.cfm?story_id=2646207, abgerufen am 29.03.2006.

2.1 IPO von Google 2004

„Going Public Day is the great moment of the entrepreneurial saga. It´s the jackpot that justifies why the founders took all those foolish risks..."[16]

Den Börsengang von Google schoben Page und Brin wohl so lange wie möglich hinaus[17], bis er im April 2004 vollzogen wurde: Das ehemals kleine Start- up Unternehmen vollzieht die langerwartete Umwandlung zur Aktiengesellschaft.[18]

Nach den Börsengängen von Intel 1971, Apple 1980 und Netscape 1995 wurde Google als „rising superstar"[19] unter den IPO´s der vergangenden Jahrzehnte, von einigen sogar als „Börsengang des Jahrhunderts"[20] bezeichnet, mit größter Spannung erwartet und gefeiert.

Die Offenlegung der finanziellen und betrieblichen Einzelheiten über Google erfolgte in der vorgeschriebenen Anmeldung des Börsengangs bei der amerikanischen Börsenaufsicht in der dritten Aprilwoche 2004. Das inhabergeführte Unternehmen konnte nun nicht mehr verbergen, wie profitabel es inzwischen geworden war und auch die Konkurrenten Microsoft und Yahoo! würden es erfahren. „Die finanzielle Performance von Google, die in dem Antrag auf die Börsenzulassung deutlich wurde, verblüffte Analysten, Konkurrenten und Anleger gleichermaßen."[21] Während der Umsatz des Unternehmens Anfang 2003 noch 560 Millionen Dollar und der Gewinn 58 Millionen betrug, meldete Google im ersten Halbjahr 2004 einen Umsatz von 1,4 Milliarden Dollar und einen Gewinn von 143 Millionen.[22]

---

[16] http://www.wired.com/wired/archive/12.03/google.html, abgerufen am 24.03.2006.

[17] Vise, D.A., S. 163

[18] "The little startup is now a public traded corporation, hier to the legacy of IBM, General Motors, Hewlett- .Packard.", http://www.wired.com/wired/archive/12.03/google.html, abgerufen am 24.03.2006.

[19] "Every few years, al rising superstar goes public in a blaze of headlines...", http://www.wired.com/wired/archive/12.03/google.html, abgerufen am 24.03.2006.

[20] "The century´s most anticipated IPO was on, and the document, revealing the search giant´s financial details, business strategy and risk factors instantly eclipsed Bob Woodward´s Iraq book as the most- talked- about tome in the nation.", http://msnbc.msn.com/id/4880468/, abgerufen am 27. März 2006.

[21] Vise, S. 173

[22] vgl. Vise, S. 173.

Die Registrierung bei der SEC (Securities ans Exchange Commission) bedeutete für das junge Unternehmen die Phase der Leichtfertigkeit und Improvisation zu verlassen[23] und hatte zur Folge, dass neben der Darlegung der finanziellen Situation ebenso Einfluss auf die Organisationsstruktur im Unternehmen genommen wurde. Mit Eric Schmidt als Hauptgeschäftsführer (CEO – Chief Executive Officer), Page als „president for products" und Brin als „president for technology" wurde eine klare Aufteilung der Entscheidungsgewalten auf Managementebene geschaffen[24].

Am 19. August 2004 kam die Google- Aktie zu einem Kurs von 85 Dollar (pro Aktie) in den Handel. Bereits am ersten Handelstag stieg der Kurs über 100 Dollar und machte die Google- Gründer, die jeweils noch 38 Millionen Aktien halten, zu Multimilliardären. Zwei Monate nach der Börseneinführung erreicht das Wertpapier die Marke von 135 Dollar und schloss im neuen Jahr, „am 3. Januar 2005 erstmals mit über 200 Dollar ab."[25]

Die steigende Kursentwicklung der Google- Aktie, die am 4. Juli 2005 die 300- Dollar- Grenze durchbrach, untermauert die Rentabilität und Ausbaufähigkeit von Googles Werbe- und Geschäftsmodell.

2.2 Online- Werbeagentur (AdWords und Adsense)

„Forget the search Buisness. Today Google`s all about advertising."[26]

Mehr als 95 Prozent des Umsatzes erwirtschaftet Google durch Werbung.[27]
Zuerst entwickelte Google den sogenannten AdWords- Service, der nach einem ähnlichen „relevance- ranking algorithms"[28] funktioniert wie die Suchmaschine selbst: Die Unternehmen, die bei Google werben, zahlen einen bestimmten Betrag auf ein Benutzerkonto des Suchmaschinenenunternehmens ein, bestimmen die auf ihre

---

[23] "The days of the easy improvisation are over." "In this post- Enron era SEC regulators are watching Google´s every move.", http://www.wired.com/wired/archive/12.03/google.html, abgerufen am 24.03.2006.
[24] http://www.businessweek.com/magazine/content/04_18/b3881001_mz001.htm, abgerufen am 26.3.2006.
[25] Vise, S.252.
[26] http://www.wired.com/wired/archive/12.03/google.html, abgerufen am 24.03.2006.
[27] Vgl. Werben & verkaufen 42/2004.
[28] http://www.wired.com/wired/archive/12.03/google.html, abgerufen am 24.03.2006.

Anzeige passenden Schlüsselwörter und dann erscheint ihr Weblink, bei einer regulären Suchabfrage des Nutzers, auf der rechten Seite der Ergebnisliste unter der Überschrift „Sponsored Links". „Durch Google AdWords-Anzeigen treten Sie genau in dem Moment bei neuen Kunden in Erscheinung, wenn diese Ihre Produkte oder Dienstleistungen suchen"[29], lautet dazu der Werbeslogan auf der Google-Homepage.

Das System funktioniert nach dem „cost- per- click"- Prinzip. Das heisst, durch jeden Klick des Nutzers auf die Werbeanzeige schrumpft das erworbene Kontingent des werbenden Unternehmens.

Als besonderen Vorteil stellt Google auf seiner Homepage heraus, dass der Werbungsinserent seine Anzeigen auf ein geographisches Zielgebiet (Regionen und Orte) ausrichten kann, um seinen potenziellen Kunden besser zu erreichen, weil das AdWords- System sowohl die Suchanfrage eines Nutzers analysiert, um herauszufinden, in welcher Region diese Person sucht, als „möglicherweise auch die Internet- (IP-) Adresse des Nutzers"[30]registriert, um den Ort der Abfrage einzubeziehen.

Nachdem sich die „kleinen suchtext- bezogenen Anzeigen" im Jahr 2003 sich als rentable Geldmaschine herausgestellt hatten, offerierte Google 2004 den neuen Service „AdSense", der Anzeigen auf den unterschiedlichsten Webseiten selbst platziert. Dabei erfolgt das Schalten der Anzeigen ebenfalls nach einem automatisierten System- Algorhytmus (selevance- scoring algorithms), der veranlasst, dass zum Kontext der jeweiligen Webseiten die entsprechend passende Werbenanzeige unter der Überschrift „Google Anzeigen" („Ads by Google") in unmittelbarer Nähe gesetzt wird.

Für die Webseiten- Besitzer ist der Aufwand auf ihrer Seite ein Feld für die Google-Anzeigen zu räumen minimal, die Anmeldung dauert nur wenige Minuten und schon erhält er „a few cents on every click- through".[31]

---

[29]https://adwords.google.de/select/Login?sourceid=AWO&subid=DE-ET-ADS&hl=de, abgerufen am 27.03.2006.
[30] https://adwords.google.de/select/targeting.html, abgerufen am 28.3.2006.
[31] http://www.wired.com/wired/archive/12.03/google.html, abgerufen am 24.03.2006.

Mit Googles Serviceangeboten AdWords und AdSense hat Marketing eine neue Stufe erreicht: Es ermöglicht Unternehmen ein quantifizierbares Investment in Werbung, die sozusagen „auf den Kunden maßgeschneidert ist" und Kosten für die Inserenten erst entstehen, wenn der „Bewerbende" bereits Interesse durch seinen Klick gezeigt hat. „Google hatte gewissermaßen das Gegenteil der ungezielten Massenwerbung erreicht."[32]

Selbst vor dem Hintergrund ein neues, auf den Internetnutzer abgestimmtes Werbekonzept entwickelt zu haben, stellt sich die Frage, wie Google damit Einnahmen in Milliardenhöhe erzielen kann, wenn der größte Teil der Suchmaschinennutzer den Unterschied zwischen unentgeltlichen Suchergebnissen und Werbeanzeigen erkennt und die meisten nur sehr selten oder gar nicht auf die Inserate klicken, die zudem nur zu einem geringen Centbetrag berechnet werden. Die Erklärung ist eine bloße Rechenaufgabe: „Wenn täglich Abermillionen Suchergebnisse ausgeworfen" werden, „muss nur jeder Zehnte bis Fünfzehnte eine Anzeige anklicken, die pro Klick im Durchschnitt 50 Cent abwarf, und schon waren die Quartalsergebnisse beisammen, die Google im Jahr 2004 erzielte."[33]

3. Google- Das Internetwarenhaus

Ausgehend von der Entwicklung der innovative Suchtechnologie „PageRank", der Produktion eines nutzerfreundlichen Images, hat sich der Inhaber der größten Suchmaschine des Internets, seit seiner Gründung stetig weiter entwickelt und seine Produktpalette schrittweise erweitert[34]. Die Liste der „Google Web Search Features" und „Google Services & Tools" auf der eigenen Internetseite[35] überrascht kontinuierlich mit neuen kostenlosen Service- Angeboten. Beim Vergleich des Spektrums der Dienstleistungen, welches auf der deutschen Webseite[36] von Google

---

[32] Vise, D.A.,S. 250.
[33] Ebda.,S. 251.
[34] „Momentan wirkt Google wie ein Gemischtwarenladen.", Google lanciert „bisweilen im Wochenrhythmus neue Produkte." vgl. c´t 17/2005, S.46.
[35] siehe http://www.google.com/about.html, abgerufen am 28.3.2006.
[36] http://www.google.de/intl/de/options.html, abgerufen am 30.3.2006.

präsentiert wird, lassen sich Unterschiede zu dem auf der englischen Seite[37] bestehenden Angebot feststellen. Die englischsprachige Seite führt umfassender und vollständiger das gesamte Google-Service- Paket, insbesondere im Bereich „Services and Tools" auf, weswegen im Folgenden die englischen Begriffsbestimmungen benutzt werden und die wichtigsten Angebote (wie GMail, Google Desktop und Google Earth) vorgestellt werden sollen.

3.1 Google Web Search Features – kurzer Überblick

Das Angebot von Google Suchdiensten- Funktionen umfasst beispielsweise Briefe und Pakete zu verfolgen, Stadtpläne, Literatur, Musik, Bilder, Zugverbindungen und Postleitzahlen zu finden sowie Webseiten zu übersetzen, Google als Wörterbuch und Taschenrechner zu benutzen und aktuelle Nachrichten[38] zu den eingebenden Suchbegriffen abzurufen.

3.2 Google Services and Tools

Nachdem das Unternehmen die Möglichkeiten der Suchmaschine optimiert hatte, widmete es sich neuen Projekten um im Konkurrenzkampf mit Unternehmen wie Microsoft bestehen zu können.

3.2.1 GMail - Rückschlag für Google

"Google knows that if it is to stay ahead of Yahoo!, it will have to gather more information about users and make them more loyal to its website."[39]
Google beherrschte die Suchdienste und wagte in einem nächsten Schritt im April 2004, wenige Monate vor dem Börsengang, den anderen E-Mail- Diensten wie Microsoft, Yahoo! Und AOL Konkurrenz zu machen und den Service „GMail" anzubieten, der leichter zu bedienen, billiger und von höherer Qualität sein sollte.

---

[37] http://www.google.com/options/index.html, abgerufen am 30.3.2006.
[38] Vgl.: Klau, P. (2004): Googlemania- Suchen & Finden im Internet, Bonn, S. 138.
[39] http://economist.com/agenda/displaystory.cfm?story_id=3103916, abgerufen am 27.3.2006.

Jedem GMail- Konto sollte kostenlos ein Gigabyte Speicherleistung im Computernetzwerk von Google eingeräumt werden.[40]

Im Unterschied zu den meisten Produkten des Unternehmens sollte GMail schon während der Testphase[41] Geld einbringen: Durch Scannen von privaten E- Mails nach Schlüsselwörtern sollten rechts neben den Textmitteilungen kontextuell relevante Werbeinserate aktiviert werden, um den wachsenden Bedarf des Unternehmens an Werbefläche für seine Inserenten zu decken.

Doch diese Tatsache verschwieg Google in der Presseerklärung zur Einführung ihres neuen Produkts. Erst im Rahmen der Werbekampagne, durch eine Bemerkung[42] von Wayne Rosing, dem damaligen Vizepräsidenten für technische Planung, erfuhren Medien, Neukunden sowie Datenschützer und Politiker von dem „Angriff auf die Privatsphäre". Zum ersten Mal war das Markenimage in Gefahr und Google riskierte seinen Ruf der Ehrlichkeit und des Eintretens für den Nutzer, durch die Verletzung des Datenschutzes. Die Reaktion von Google auf den großen Medienwirbel und die Klagen von Datenschützern führte dazu, dass der Nutzer als Gegenleistung für eine große Speicherkapazität, nun eine Einverständniserklärung zu dem computer-gestützten Lesen seiner E- Mails abgeben muss. In kleinerem Umfang als geplant, ist somit die Strategie von Google aufgegangen und der Gmail- Kunde erhält, wenn er sich beispielsweise in seiner email zum Thema Digitalkameras austauscht, Werbelinks zu Unternehmen, die Kameras verkaufen.[43]

---

[40] Vgl.Vise, D.A., S. 148.
[41] Zu Testzwecken wurde ein begrenzte Anzahl an GMail-.Konten im Kreis von Familienangehörigen und Freunden angeboten, um die Mundpropaganda für das neue Produkt zu erhöhen und mögliche Fehler von Vorneherein auszuschließen. Vgl.: Vise, S. 149.
[42] "GMail erwuchs aus Experimenten im Zusammenhang mit unserer Anzeigenplanung. Wir nahmen ein paar Textanalysen vor und die Sache klappte.", Wayne Rosing, zitiert nach Vise, A., S. 151.
[43] "The ads are selected to match the subject matter of the e-mail, with Google's ad-placement software picking up on certain key words. An e-mail exchange about digital cameras, for instance, is likely to attract links to companies selling them.", http://economist.com/displaystory.cfm?story_id=3785238, abgerufen am 28.03.2006.

3.2.2 Google Desktop- Eroberung des Desktops

"Google must come up with a better model, one that establishes its search engine as a central platform for computing"[44] heisst es in der BuisnessWeek Anfang 2004 und Google müsse den Desktop erobern, um weiterhin gegen den Konkurrenten Microsoft bestehen zu können, der daran arbeitet Suchoperationen im Internet unmittelbar von MS- Office- Programmen aus, zu ermöglichen.

Im Jahr 2005 bietet Google den „Google Desktop" als lokale Suchmaschine die MS-Office- Dokumente, HTML- Files, E- Mails, PDF- Dateien, Protokolle des MSN-Messanger sowie Netzlaufwerke durchforstet, zum kostenlosen Download an. Es ist anzunehmen, dass den meisten Nutzern nicht bekannt ist, dass Google Desktop als lokaler Webserver läuft und unmittelbar nach der Installation alles indexiert, „was nicht niet- und nagelfest, sprich nicht von der Erfassung ausgeschlossen ist".[45] Somit ist die Software zu einem weiteren Instrument des Unternehmens geworden, um mehr Informationen seitens seiner Nutzer zu ermitteln.

3.2.2 Google Talk

Ende August 2005 startete Google einen Instant- Massaging- Dienst mit Internet-Telefonie, der von Gmail- Benutzern als erweiterte Kommunikationsplattform genutzt werden kann. Nach AOL (AIM und ICQ), Microsoft (MSN), Skype und Yahoo ist Google der damit fünfte Anbieter in diesem Sektor.[46] Der Client erweitert das Serviceangebot von Google, beinhaltet jedoch keine innovativen Funktionen, die den Konkurrenzdruck für die anderen Anbieter erhöhen könnten.

---

[44] http://www.businessweek.com/magazine/content/04_18/b3881001_mz001.htm, abgerufen am 26.3.2006.
[45] vgl.: c´t 13/2005, S. 172.
[46] vgl.: c´t 19/2005, S.46.

3.2.4 Software- Programm Google Earth

Im Juni 2005 brachte Google ein neues Produkt auf den Markt, dass seit letztem Jahr Millionen von Nutzern weltweit in seinen Bann zieht und große Aufmerksamkeit in den Medien als auch der Politik erfährt: Google Earth. Google bietet das Software- Programm in der Standardversion[47] als 10 Mbyte großes Paket kostenlos zum Herunterladen an. Das Programm- Paket liefert dem Nutzer ein dreidimensionales „scheinbar weltumfassendes Satellitenfoto"[48], welches ihm ermöglicht dank einfach gestaltetem Options- Menü, die Weltkugel „spielerisch" zu erkunden, ob aus 23.000 Kilometer Entfernung oder auch die Möglichkeit sich bis auf wenige Meter über der Erdoberfläche heranzuzoomen. Neben den Funktionen Google Earth als Routenplaner, Suchmaschine für eingetippte Ortsangaben, Restaurant- und Hotelführer zu benutzen oder tagesaktuelle Satellitenbilder, Temperaturangaben und Regenradarbilder zu liefern, arbeitet Google kontinuierlich daran das Informationsangebot und die Nutzungsmöglichkeiten auszuweiten.

Ein großer Teil der Erdfotos, aus denen sich der virtuelle Google Earth- Globus zusammensetzt und der für die Allgemeinheit den neuen faszinierenden Blick auf die Welt liefert, stammt von den sogenannten Keyhole- Satelliten. Bei den „Keyholes" handelt es sich um fast „300 US- amerikanische Spionagesatelliten, die dem US- Millitär unter anderem Fotos von strategisch wichtigen Punkten der Erde liefern."[49]Das Unternehmen Keyhole[50] kaufte fast 12 Tbyte des Bildmaterials und brachte die Software unter seinem Namen schon vor einiger Zeit[51] auf den Markt. Diese Keyhole- Programm kostete den Nutzer allerdings 70 US- Dollar pro Jahr, war der breiten Öffentlichkeit nahezu unbekannt und rief erst durch den Aufkauf des Google- Imperiums, das es weltweit als „freeware zum Download" (in der Basisversion) und unter seinem Namen zur Verfügung stellt, ein enormes

---

[47] Neben der Standardversion gibt es komerziellen Editionen wie Google Earth Plus mit GPS- Schnittstelle
[48] c´t 15/05, S. 36.
[49]Bleich, H.: Welten- Brauser. In: c´t 20/05, S. 93.
[50] Die Keyhole- Stelliten haben „anders als oftmals gelesen, nicht mit dem gleichnamigen, von Google aufgekauften Unternehmen zu tun", vgl. Bleich, H..In: c´t 20/05, S. 93.
[51] „Die letzte Release war im Oktober 2004 Keyhole 2, was mit fast identischem Outfit auch nahezu den gleichen Funktionsumfang bot wie Google Earth.", Bleich, H..In: c´t 20/05, S. 93.

Medienecho und eine große Resonanz unter den Internetusern hervor. Bereits nach kurzer Zeit bildete sich eine große Fan- Szene mit Blogs und Webseiten rund um Google Earth, wie z.b. die deutsche Seite www.googleerde.de, auf der neuste Informationen ausgetauscht werden und die Benutzer ihre „Fundstücke bei Google Earth" als Datei in eine KMZ[52]- Datenbank nach verschiedenen Kategorien einstellen können.

3.2.5 Google Earth zwischen Wissenschaft, Spielzeug und Kommerz

Google strebt an, das Kartenmaterial auf den Servern ständig zu aktualisieren und neue Regionen mit hochauflösenden Bildern zu erschließen[53]. Von einigen Landschaften, wie beispielsweise die des Grand Canyon und Großstädten der Welt, wie New York, die bereits topologisch erfasst wurden, bietet Google Earth besonders faszinierenende Darstellungen, bei denen der Nutzer sich selbst über die sich dreidimensional erhebende Erdoberfläche navigieren kann. Dabei lässt sich nicht nur die Zoom- Stufe, sondern auch der vertikale Betrachtungswinkel variieren. Auch in Deutschland sind bereits einige Großstädte wie Berlin, Hamburg und München so gut visualsiert, dass auf den Straßen Autos und Personen sichtbar werden.

Experten für Geoinformationssysteme kritisieren jedoch, dass Google Earth eine Präzision suggeriert, die es nicht einhalten kann. Neben der Tatsache, dass insbesondere ländliche Regionen unzureichend erschlossen sind und als „Pixel-Granulat" erscheinen, wird insbesondere kritisiert, dass die Aufnahmen ungenau entzerrt sind. „Faszinierend ist, wie gut das Programm den Übergang zwischen ungenauen und genauen Daten kaschieren kann. Es taugt zwar als Spielzeug, nicht aber für geodätische Auswertungen."[54]

Neben den Bestrebungen von Google Earth, besser als andere Geoinformationssysteme zu werden, lässt sich bereits bei der aktuellen Version der

---

[52] Bei KMZ- Dateien handelt es sich um gezippte KML (Keyhole Markup Language)- Dateien, eine Technologie des von Google aufgekauften Geo- Spezialisten Keyhole, die für die Programme Google Maps und Google Earth benutzt wird, um direkt zum beschriebenen Standort zu gelangen. Vgl.:
http://www.zdnet.de/enterprise/sw/0,39023278,39134729-2,00.htm, abgerufen am 29.3.2006.
[53] Google arbeitet an der „fortlaufenden Aktualisierung und bringt fast im Wochenrhythmus entweder eine neue Programmversion oder überarbeitetes Datenmaterial heraus", Vgl. c´t 21/2005, S.61.
[54] Birgit Bannert, Vermessungsingeneurin und Geoinformatikerin, zitiert nach c´t 20/2005, S. 94.

Software erkennen, welche kommerziellen Beweggründe hinter der kostenlosen Technologie, die zum allgegenwärtigen Desktop- Tool werden könnte, stecken. Über die Karten von Städten blendet das Programm „per Mausklick im Optionsmenü" nicht nur Straßenverläufe und Ländergrenzen ein, sondern liefert auch Informationen über Shoppingmöglichkeiten, Tankstellen, Hotels und Restaurants. „Wenn der Suchmaschinenbetreiber einmal dazu übergehen sollte, für derlei Einblendungen wie bei den Gelben Seiten üblich eine Gebühr zu verlangen, könnte sich eine wahre Goldgrube auftun."[55]

Von Seiten der Politik und der Wirtschaft geriet Google Earth in Kritik. Sie äußerten Vorwürfe wie, dass die Hemmschwelle für terroristische Anschläge sich durch die „frei Haus Lieferung" des detaillierten, hochauflösenden Kartenmaterials erhöhen wird, und forderten aus Sicherheitsgründen die Kernkraftwerke aus dem Bildmaterial zu entfernen und weitere neuralgische Punkte der Welt, wie das Weiße Haus in Washington D.C., nicht unzensiert abzubilden. Das Unternehmen reagierte in gewissem Umfang und schwärzte bespielsweise das Dach des Weißen Hauses und pflanzte später per Bildbearbeitungprogramm Bäume, wo der Swimmingpool und der Tennisplatz des Präsidenten waren.

4. Blick in die Zukunft

Das Internet ermöglicht Datenmaterial schnell und einfach auszutauschen. Google hat es sich zu Aufgabe gemacht, den weltweiten Zugang zu den unterschiedlichen Datenbeständen und Informationsquellen zu ermöglichen. In den Forschungszentren des Unternehmens wird an Verfahren der künstlichen Intelligenz und neuen Methoden der Sprachübersetzung, um die Beschränkungen durch unterschiedliche Sprachen und örtliche Bedingungen zu überwinden, experimentiert.[56]

Neben den Ideen beispielsweise Filme, Fernseh- und Radiosendungen, Daten aus dem Weltall und die Datenbestände von Universitätsbibliotheken[57] zugänglich zu

---

[55] c´t 20/2005, S. 94.
[56] Vise, D.A., S. 268.
[57] „Suchmaschinenbetreiber Google arbeitet daran, die Bestände einiger großer Bibliotheken einzuscannen und die Texte der Bücher in seinen Suchmaschinenindex aufzunehmen. Im Sommer (2004) begannen die Arbeiten in

machen, gehört die biologische und genetische Forschung zu den spannendsten Google- Projekten. Würde man das eigene, größte Computersystem der Welt mit Googles Möglichkeiten der Indexierung und Datenanalyse kombinieren, könnten in Zukunft bedeutende wissenschaftliche Ergebnisse, durch den Aufbau einer genetischen Datenbank, in der Gen- Forschung erzielt werden.

Zudem investieren Page und Brin in Forschungsprojekte von alternativen Energienanbietern, wie in das Unternehmen Nanosolar, Inc., welches Dünnfilm- Solarzellen entwickelt, um die Strom- bzw. Energieversorgung zu revolutionieren. Angesichts des enormen Strombedarfs des Google- Netzwerks mit seinen Hunderttausenden von Computern ist dies ein persönliches Anliegen von Page.[58]

5. Fazit

Das Unternehmen Google hat sein Geschäftsmodell gefunden. Die Suchmaschinen- Technologie „PageRank", für die zu Beginn keine Investoren oder Käufer gefunden wurden, da es an einem konkreten Geschäftsplan mangelte, kann nun auf Grundlage der ähnlich funktionierenden Systeme „AdWords" und „AdSense", einen Umsatz in Milliardenhöhe erwirtschaften. Das Konzept und die Strategie von Google ist einfach zu beschreiben, wenn man zwischen den (Be-) Nutzern und den Kunden von Google differenziert. Der Nutzer ist derjenige, der die Suchmaschine und das erweiterte Angebot von Google für seine Suche im Internet benutzt, Google beispielsweise zusätzlich als Email- Provider in Anspruch nimmt, oder durch die Installation der kostenlosen Software- Produkte dem Unternehmen einen weiteren Einblick gewährt. Die Informationen, die Google dabei sammelt, ermöglichen dem Unternehmen seinen Kunden, ein Werbemodell anzubieten, welches ein quantifizierbares Investment in kundenorientierte Werbung darstellt (vgl. 2.2). Die wachsende Bedeutung des Internets hat sich auch auf die Werbebranche ausgewirkt und „Milliardenbeträge wurden aus den herkömmlichen Medien abgezogen und

---

der Universitätsbibliothek Michigan, deren sieben Millionen Bände in sechs Jahren archiviert sein sollen.", c´t 1/2005, S. 30.
[58] Vise, A.D., S.273.

wanderten in die Online- Welt."[59] Die wachsende Nachfrage nach einer „Verkaufs-
bzw. Werbefläche" im Internet hat Google früh erkannt.

Google ist auf Grund seiner hohen Popularität, welche auf die optimierten
Suchdienste sowie auf sein gutes Markenimage zurückzuführen ist, in der Lage
direkt, mit jeder Suchanfrage, zwischen den Interessen seiner großen User-
Gemeinde und seinen Inserenten, den Werbenden, zu vermitteln. Der grundsätzliche
Weg, den das Unternehmen wohl auch zukünftig gehen wird, ist damit festgelegt.

Offen ist hingegen, welche Erweiterungen der Suchabfragen und in welchem Umfang
ein Ausbau des „freeware"- Angebots erfolgen werden. Die Überlegungen genetische
Datenbanken aufzubauen lässt erahnen, dass Google das Ziel, die Informationen
dieser Welt zu organisieren noch lange nicht erreicht hat. Google hat sein
Informations- und Serviceangebot auf immer neue Bereiche ausweitet. Dadurch
erhöht es kontinuierlich seine Attraktivität, sowohl für die Nutzer, als auch für seine
Kunden. In einem nächsten Schritt steht wohl die Verknüpfung seiner verschiedenen
Tools zu einem „Google- Gesamt- Paket" an.
Google wird seinen Siegeszug fortsetzen, solange der Nutzer auch weiterhin den
Eindruck behält im Vordergrund zu stehen.

---

[59] Vise, D.A., S. 249.

6. Literatur

Calishain, T., Dornfest, R.(2003): Google Hacks. Köln.
Vise, D.A., Malseed, M.(2006): Die Google- Story. Hamburg.
Klau, P. (2004): Googlemania- Suchen & Finden im Internet. Bonn.

Zeitschriften:

Bleich, H.: Welten- Brauser. In: c´t[60] 20/2005, S. 92- 94.
Bleich, H.: Google hat kein Monopol. In: c´t 17/2005, S.46- 47.
Kramer, A.: Such, Programm! In: c´t 13/2005, S. 170- 177.
Schüler, P.: Zeig mit dir Welt. In: c´t 21/2005, S.61.
c´t 1/2005: Google indexiert Universitätsbibliotheken, S. 30.
c´t 2/2005: Google als Trojanerschleuder, S. 26.
c´t 19/2005: Google Talk startet, S.46.
c´t 15/2005: Mit Google durch die reale Welt, S. 36.

Internetquellen (Online- Versionen der Zeitschriften):
http://economist.com/displaystory.cfm?story_id=2384623, abgerufen am 28.03.2006.
http://economist.com/displaystory.cfm?story_id=2646207, abgerufen am 29.03.2006.
http://economist.com/agenda/displaystory.cfm?story_id=3103916, abgerufen am 27.03.2006
http://economist.com/displaystory.cfm?story_id=3785238, abgerufen 28.03.2006.
http://www.wired.com/wired/archive/12.03/google.html, abgerufen am 24.03.2006.
http://msnbc.msn.com/id/4880468/, abgerufen am 27.03.2006 (Newsweek)
http://www.businessweek.com/magazine/content/04_18/b3881001_mz001.htm, abgerufen am 26.3.2006.

Sonstige Internetquellen:
http://www.google.de/intl/de/press/facts.html , abgerufen am
http://de.wikipedia.org/wiki/Uniform_Resource_Locator, abgerufen am 30.03.2006.
http://de.wikipedia.org/wiki/Googol, abgerufen am 26.3.2006.
http://de.wikipedia.org/wiki/Andy_Bechtolsheim, abgerufen am 27.03.2006
http://www.google.de/intl/de/corporate/, abgerufen am 25.03.2006.
http://www.google.de/intl/de/corporate/tenthings.html, abgerufen am 25.03.2006.
https://adwords.google.de/select/Login?sourceid=AWO&subid=DE-ET-ADS&hl=de, abgerufen am 27.03.2006.
https://adwords.google.de/select/targeting.html, abgerufen am 28.03.2006.
http://www.google.com/about.html, abgerufen am 28.03.2006.
http://www.google.de/intl/de/options.html, abgerufen am 30.03.2006.
 http://www.google.com/options/index.html, abgerufen am 30.3.2005.
http://www.zdnet.de/enterprise/sw/0,39023278,39134729-2,00.htm, abgerufen am 29.3.2005.

---

[60] c´t magazin für Computer und technik

BEI GRIN MACHT SICH IHR
WISSEN BEZAHLT

- Wir veröffentlichen Ihre Hausarbeit,
  Bachelor- und Masterarbeit

- Ihr eigenes eBook und Buch -
  weltweit in allen wichtigen Shops

- Verdienen Sie an jedem Verkauf

Jetzt bei www.GRIN.com hochladen
und kostenlos publizieren